AF573546

Coupe Nord Sud de la Province d'Oran

Oran

Mascara 595m

Saïda 868m

Chott el Chergui 1000m

Geryville 1307m

Ksel 1800m

Brezina 830m

Coupe Nord Sud de la Province d'Alger

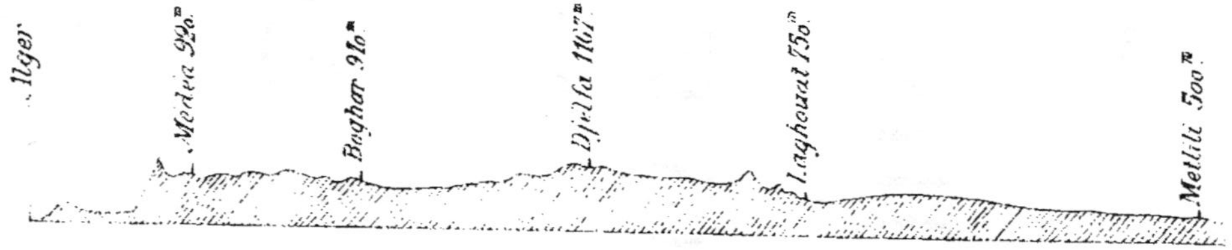

Alger

Medea 920m

Boghar 910m

Djelfa 1167m

Laghouat 750m

Metlili 500m

EXPOSITION UNIVERSELLE DE PARIS

EN 1878

HISTOIRE

DES

PROGRÈS DE L'AGRICULTURE

EN ALGÉRIE

ALGER

IMPRIMERIE TYPOGRAPHIQUE & LITHOGRAPHIQUE J. LAVAGNE

4, RUES BAB-AZOUN ET CLAUZEL, 4

1878

EXPOSITION UNIVERSELLE DE PARIS

EN 1878

HISTOIRE

DES PROGRÈS DE L'AGRICULTURE EN ALGÉRIE

Tous les Français établis depuis longtemps en Algérie sont frappés, lorsqu'ils reviennent dans la Mère-Patrie, des questions qui leur sont adressées de tous côtés, souvent même par les personnes les plus éclairées, questions qui prouvent surabondamment combien notre belle colonie est encore peu connue de nos compatriotes, et pourtant elle n'est qu'à 36 heures de nos côtes méridionales; son climat est d'une remarquable douceur, son sol est plus fertile que celui des plus belles parties de la Provence et du Var!

L'Algérie occupe une surface de 60 millions d'hectares.

Le *Tell*, la région fertile immédiatement colonisable couvre 14 millions d'hectares.

La population Européenne, en 1876, est de 340,000 habitants.

La population Indigène, qui comptait à la conquête près de 3,000,000 d'âmes, en possède aujourd'hui 2 millions 400,000.

Avant 1830 la valeur du mouvement commercial de la Régence était de 8 millions à peine;

Aujourd'hui (1876) il attteint 380 millions.

Le sol et le climat de l'Algérie sont encore peu connus; ils forment, cependant, comme partout ailleurs, les bases fondamentales de toute agriculture. Nous croyons donc qu'il est utile d'en tracer les principales lignes avant de parler des progrès agricoles de ce grand pays.

L'Algérie se divise naturellement en trois zones bien marquées, paralèlles à la côte méditerranéenne; ce sont : le *Tell*, les *Steppes* ou *Hauts-Plateaux*, le *Sahara*.

Si l'on suppose une coupe menée du Nord au Sud, la section donnera d'une manière générale un grand trapèze dont le sommet représente les Hauts-Plateaux ; le versant Nord, le Tell, descend vers la mer par des pentes plus ou moins abruptes, et ondulées tandis que le versant Sud s'abaisse peu à peu, par de grandes lignes planes, pour former le Sahara :

Ces trois zones sont loin de nous offrir le même intérêt au point de vue de la colonisation, mais elles ont chacune leur importance relative, utile à connaître.

Le *Sahara* se compose de plaines sans limites, souvent sans ondulations bien apparentes, plateaux immenses, à sol dur et caillouteux offrant, soit de légères dépressions sablonneuses, soit de puissantes dénudations, des ravinements étendus produits à une époque géologiquement récente. Les eaux qui sillonnèrent autrefois cette contrée ont disparu aujourd'hui et ne laissent actuellement d'autres traces que quelques sources très-espacées ou des nappes acquifères plus ou moins profondes qui alimentent les puits où les caravanes se ravitaillent.

C'est dans cette contrée que se trouvent, sur divers points, des étendues de centaines et de milliers de kilomètres carrés, couverts de hautes dunes de sable pur qui portent le nom d'*Areg*. A part quelques oasis très-limitées, principalement établies sur la lisière Nord; sauf quelques dépressions dans lesquelles poussent en hiver de bonnes herbes rapidement broutées par les troupeaux des nomades des Hauts-Plateaux, le reste du Sahara n'offre que d'immenses sollitudes sans végétation arborescente, actuellement impossibles à habiter d'une manière permanente et fréquentées seulement en hiver par les caravanes ou de hardis rodeurs, bandits ou chasseurs suivant l'occasion.

Dans le grand Sahara règne un climat excessif ; sa position continentale, l'altitude de certains points, la prédominance des vents du Nord en hiver et du Sud en été, amènent entre les deux saisons extrêmes un écart énorme de température ; on observe aussi de fortes variations, presque instantanées, sous l'influence de la rotation des vents du S. E. et du S. O. au N. O. ; le capitaine Dupin a observé à Laghouat, par 750^{m} d'altitude « dans les premiers jours de juin, » une température de 45 à 46° ; le lendemain elle baissait à 4° par un « vent violent de » N. O. »..... Le 20 février 1854 le docteur Reboud » a vu les têtes des palmiers ployer sous le poids de la » neige qui dura une demi journée ; elle est tombée d'au» tres fois encore depuis 1854. Les Français ont essayé » d'introduire les orangers et les citronniers dans cette » oasis, mais ces arbres n'y prospèrent pas et meurent » souvent frappés par le froid » (*Annuaire de la Soc. météor. de France*, t. V. p. 172).

En avril 1853, M. Renou, membre de la Commission scientifique de l'Algérie, éprouvait au Mzab, dans l'espace de 2 jours, une variation de 6° à 34°5 (*Soc. Cit.* t. II, p. 9).

En décembre 1856, lorsque nous passâmes à El-Abiod-Sidi-Scheik, oasis au Sud de la province d'Oran, par 830^{m} d'altitude, les arabes nous disaient dans leur langage figuré « Tous les matins l'eau est sèche » Notre minima indiquait 3°7 au dessous de zéro, à côté des palmiers. Plus loin, à plus de 200 kilom. au Sud de cette oasis le 15 janvier, au milieu des dunes de sable pur des *Areg*, le minima accusait 5°,8 au dessous de zéro par 400^m, d'altitude; enfin, à Brizina, oasis à l'Est d'El-Abiod-Sidi-Scheik, sur la même parallèle et par 860^m d'altitude, le minima du 21 janvier accusait — 1°,5 à l'abri des palmiers et l'eau de l'Oued-Seggueur qui arrose l'oasis était encore fortement gelée à midi. En été, la température à l'ombre, arrive certainement à 45°.

A Briskra, à 125^m d'altitude, la moyenne de l'année est de 21°5, alors que celle des villes du littoral varie de 17 à 17°5. Le thermomètre descend rarement à zéro, mais il s'élève souvent en été à 45° et quelques fois à 48° dans cette oasis.

Les pluies sont rares dans le désert et tombent généralement par orages qui font couler à pleins bords pendant des heures et des journées des Oued dont le lit reste souvent désséché pendant 3 et 5 ans consécutifs.

Les *Hauts Plateaux* qui séparent le Tell du grand Sahara rappellent encore celui-ci sur quelques points. Leur altitude moyenne est de 650 à 900^m à l'Est et atteint 12 et 1,300^m dans l'Ouest. Ces plaines, bien moins arides et sablonneuses ont de très-bonnes terres dans certains districts; elles sont parsemées de chaines de montagnes étroites mais continues et parallèles dont le relief atteint de 3 à 500^m, ce qui leur donne une altitude absolue de 1,500 à 1,700^m. Les Hauts-Plateaux ont une double pointe générale dont le talweg forme vers leur axe, dans les 3 provinces, une suite de dépressions alignées parallèlement à la côte. Ces dépressions présentent en hiver de vastes collections d'eau ou de vase, en été d'immenses surfaces salines; elles sont bien connues sous le nom de *Chott*.

La situation continentale des steppes, leur altitude, leur proximité du Sahara rend leur climatologie très-extrême.

En été la chaleur y atteint 40 et parfois 45°. Des siroco violents y soufflent par intervalles jusqu'à une époque avancée de l'année, tandis qu'en hiver les vents du Nord y amménent des ouragans d'une force excessive, des chutes de neige abondantes, des froids rigoureux de 8, 10, et 12° au-dessous de zéro et surtout des gelées tardives de printemps qui, sur certains points, tuent les vignes et détruisent les fruits jusqu'en avril, mai, et quelques fois le commencement de juin.

A Batna, par 1000^{m} environ d'altitude, M. Hénon a signalée en hiver, des minima de 4 et 6° au-dessous de zéro; pendant 3 années d'observation il a vu la température s'abaisser, au mois de mai, à 8° au-dessous de zéro et le temps devenir très-mauvais.

Les observations que le docteur Reboud à bien voulu nous communiquer sur Djelfa (par 1,160^{m} d'altitude) donnent des faits très-approchants : « non seulement il y neige » mais nous voyons le thermomètre minima descendre plu- » sieur fois à — 7° en janvier 1861 et atteindre — 9° le » 22 de ce même mois. Le 17 mars de 1861 le minima des- » cent à — 7°6 et le 18 à — 3°5..... Le 20 avril 1860 » j'y avais constaté moi-même une forte gelée blanche et » de la glace; le 17 mai de la même année, une nouvelle » gelée tua les feuilles des arbres; le 19 juin 1855 M. Reboud » a vu une gélée blanche qui a fortement endommagé » plusieurs des plantes de la pépinière. » (*Ann. de la Soc. Mét. de Fr.*, Soc. cit. XII, p. 174.)

A Géryville, au Sud de la province d'Oran, par 1300^{m} d'altitude on observe, en mai, de fortes gelees blanches et même de la glace qui tuent tous les fruits « déjà presque mûrs. » En juin il y a encore des gelées blanches.

Si les Hauts-Plateaux sont bien moins favorables à l'agriculture que le Tell, ils sont au contraire très-appropriés à l'élève de la race ovine comme les faits l'indiquent, mais à la condition de construire des abris et d'amasser des fourrages pendant la bonne saison. C'est cette contrée qui produit en grande partie les moutons et les laines qui s'exportent tous les ans de l'Algérie. Comme nous le verrons au cours de cette note, ce commerce ne progresse pas et éprouve même de fortes fluctuations, grâce à l'incurie des Arabes exclusivement possesseurs, de ces immenses terrains de parcours qui leur ont été complètement attribués en 1863.

L'exploitation de l'alfa dont cette contrée est le lieu de production, pourra peut-être aider à améliorer cette situation regrettable.

Si les hauts plateaux sont couverts d'herbes favorables à la nourriture des moutons, la végétation arborescente y est limitée à quelques espèces peu nombreuses et très-rustiques. Dans les plaines, on ne trouve que le *Betoum* des arabes (*Pistacia atlantica*) gros arbre toujours vert qui n'occupe guère que les *daya* ou dépressions dans lesquelles se rassemblent les eaux pluviales de l'hiver; dans les collines et les montagnes on ne voit végéter que le Pin d'Alep et le Genévrier de Phénicie.

Enfin, la 3me zone, le *Tell*, occupe près de 300 lieues de côte ; cette région, rafraichie en été par les brises de mer, protégée en grande partie par le siroco, jouit d'une température plus douce en hiver, moins torride en été et présente un climat très-favorable au développement de toute espèce de végétation.

La courbe de la température y présente son minimum dans le mois de janvier et reste à peu près stationnaire jusqu'à la 1re quinzaine de février, époque à laquelle elle commence à se relever doucement. A partir du milieu de mars elle prend une marche ascendante et régulière. Dès la fin d'avril il n'y a plus à craindre de froids ni de gelées blanches dans la plus grande partie des régions peu élevées du Tell; la chaleu croit jusqu'au 15 août et commence à décliner du 20 au 25. En juillet et en août, à l'ombre, le maximum atteint communément, dans la campagne, de 30 à 35°, mais par le siroco il peut s'élever, pendant quelques heures, jusqu'à 38 et 40°. Toutefois les observations que nous possédons jusqu'à présent indiquent que les étés n'ont pas, à Alger, une température sensiblement plus élevée que celle des diverses régions chaudes du midi de la France. Mais les chaleurs plus prolongées de l'automne et la douceur des hivers augmentent beaucoup la température moyenne de l'année qui est de 17° à 17°5 sur le littoral, tandis qu'elle n'atteint guère que 14° sur les côtes méridionales de la France.

Nous ne devons pas oublier, cependant, que les districts élevés du Tell offrent des températures assez différentes entr'elles; c'est ainsi qu'à Tlemcen, situé à 745m d'altitude, la température moyenne est de 16°7; à Teniet-el-Haâd, à 1,161m, la moyenne est de 14° environ; à Médéah, de 15° par 950m et aussi de 15° à Sétif, par 1,100m.

Les vents du rhombe Nord dominent hiver et été, aussi l'atmosphère est-elle rarement très-sèche, sauf par le siroco, et le psychromètre accuse presque toujours une assez notable proportion d'humidité dans l'air.

La courbe des pluies commence à se dessiner à la fin d'août et en septembre; elle progresse en octobre et surtout en novembre et décembre, pour décliner en mars et s'abaisser avec rapidité en mai et juin; elle s'efface généralement d'une manière complète à la fin de la première quinzaine de ce mois. La hauteur d'eau qui tombe en moyenne à Alger dépasse 90 centimètres; elle est un peu plus élevée dans l'Est, mais n'atteint que 43 centimètres à Oran, dont le littoral est plus chaud et plus sec que celui des deux autres provinces. En hiver la neige couvre les hauteurs, mais ne descend que rarement au-dessous de 600 mètres, et si elle couvre quelques fois les collines basses c'est un fait passager.

La grêle est fréquente certains hivers; elle ne se montre guère qu'en cette saison et elle ne peut alors détruire des récoltes bien importantes; nous ne lui avons, du reste, jamais vu prendre les proportions de ces orages calamiteux qui ravagent, en été, certains districts de la France et surtout les riches vignobles du Midi.

En somme, l'ennemi le plus redoutable de l'agriculture dans le Tell, c'est le siroco; il est surtout nuisible au printemps à cause des céréales, mais à cette époque il est généralement peu fréquent et peu prolongé. Les plantations d'arbres, les bons et profonds labours en atténuent de beaucoup les mauvais effets. A la fin de l'automne, époque à laquelle il souffle plus souvent, il ne peut plus être dangereux pour les récoltes.

Le Tell était le principal centre de la colonisation Romaine; *Tellus, la terre par excellence*. C'est là, aussi, que se développe actuellement la colonisation française. Son climat est essentiellement méditerranéen; il est particulièrement favorable à l'olivier; le caroubier, le figuier et la vigne y croissent aussi spontanément avec la plus grande vigueur. L'oranger et le citronnier y donnent des fruits délicieux, et depuis longtemps l'agave et le cactus y sont acclimatés.

Monsieur Cosson, auquel ses savantes études sur la végétation du nord de l'Afrique donnent une si haute autorité a, depuis longtemps indiqué, dans ses publications botaniques, le caractère essentiellement méditerranéen du

Tell, et par conséquent, la nécessité d'y établir des cultures méditerranéennes.

En 1863 ce savant s'exprimait ainsi à la Société d'acclimation : « L'Algérie, par la fertilité de son sol et la » diversité de climat de ses régions naturelles, offre à » l'activité européenne un champ d'acclimatation aussi » vaste que riche; mais il ne faut pas se laisser entraîner » à de fâcheuses exagérations et croire que cette belle » contrée, bien que privilégiée, puisse donner à la fois » tous les produits des pays tempérés et la plupart de » ceux de la région tropicale ou équatoriale........ à son » climat tempéré conviennent surtout les animaux et les » cultures du midi de l'Europe, avec lequel sont communes la plupart de ses richesses agricoles et horticoles » actuelles. »

Monsieur Charles Martins, dont la compétence est si incontestable en météorologie et dans les sciences naturelles n'est pas moins affirmatif : « Jusqu'à l'Atlas, nous » dit-il, l'Algérie fait partie du bassin méditerranéen, » elle est un prolongement de la Provence et du Languedoc, car la Méditerranée n'est point une mer mais un » golfe, etc. » (*Revue des Deux-Mondes*, 15 juillet 1864.)

Nous avons insisté sur ce sujet parce que le climat de l'Algérie, et surtout du Tell algérien, ne saurait être trop bien défini au point de vue de la végétation et des cultures; en effet, s'il avait été mieux connu, si les indications fournies par la nature avaient été mieux suivies, plus respectées, nos colons auraient évité bien des essais inutiles et des pertes décourageantes.

Les divers étages du terrain tertiaire et les parties moyennes et inférieures de la craie forment presque entièrement la masse du Tell algérien. Leurs assises sont représentées généralement par des bancs puissants d'argile bleuâtre intercalés de calcaires marneux. Des grès et des conglomérats s'observent aussi fréquemment dans ces diverses formations.

Cette constitution géologique rend le sol généralement argileux et argilo-marneux : il appartient aux *terres fortes ;* les alluvions qui ont recouvert les plaines sont naturellement plus ou moins argilo-marneuses, mélangées d'une notable quantité de silice qui les rend plus douces ; elles sont d'une remarquable fertilité.

Tels sont les traits saillants de la constitution physique de l'ancienne Régence d'Alger, que la France fut bientôt obligée de conquérir en entier, après avoir détruit pour toujours la piraterie des côtes Barbaresques.

Nous trouvâmes ce grand pays dans un état incroyable de délaissement et de barbarie. Depuis longtemps la domination Romaine avait disparu ; il n'en restait que le souvenir lointain et des ruines éparses : leur nombre et leur étendue pouvaient seuls attester désormais la grandeur et la force de cette puissante civilisation passée.

Le territoire de l'Algérie était occupé depuis longtemps par des tribus continuellement en guerre les unes contre les autres ; leurs rivalités incessantes étaient entretenues par les Turcs dont l'administration barbare ne reculait devant aucun moyen pour faire rentrer les impôts.

L'état d'abandon et de barbarie dans lequel était plongée la Régence d'Alger a frappé tous les auteurs qui ont pu la parcourir avant la conquête Française.

Les seules voies de communication étaient des sentiers tracés par le passage répété des bêtes de somme : c'était l'unique moyen de transport pour les marchandises ; aucune voie carrossable ne traversait le pays. Il n'existait plus que quelques vestiges des anciennes chaussées Romaines, les habitants n'allaient qu'à cheval ; les rivières se passaient à gué et devenaient infranchissables dans la saison pluvieuse. Les parties déclives des plaines n'étaient que de vastes marais tantôt boisés, tantôt couverts de hautes herbes, mais toujours des foyers pestilentiels qui, dans la saison chaude, rendaient les environs malsains, souvent inhabitables. Pas un canal, pas un fossé de dessèchement ne favorisait l'écoulement de ces eaux, dont l'insalubrité n'était due qu'à leur stagnation. Les bestiaux n'étaient l'objet d'aucun soin comme abri et comme nourriture; toutes les propriétés non closes étaient soumises, après la moisson, au droit de vaine pâture.

La nécessité de se procurer des herbages, une profonde incurie, un manque complet de prévoyance ont amené chez les Arabes, l'habitude d'incendier les forêts et les broussailles vers la fin de l'été; ils obtiennent ainsi, au printemps, une herbe verte et de jeunes pousses d'arbres dont leurs troupeaux sont friands. Les Indigènes ont conservé encore, sous notre domination, cette profonde incurie pour leurs animaux et la funeste coutume de mettre le feu. Ce système d'incendie a non-seulement détruit les forêts, mais sur certains points il a profondément dégradé le sol en favorisant la production des ravinements par les grandes pluies d'hiver. C'est ainsi qu'a été peu à peu dénudée, malgré les puissants efforts de la nature, cette belle contrée que l'histoire nous montre ombreuse et parée des plus beaux arbres. Hérodote raconte que ce pays est montagneux et couvert de bois; Strabon nous dit que cette contrée abonde en toutes choses, produit surtout une grande quantité d'arbres d'une dimension extraordinaire, etc.. Au moment de la conquête musulmane un auteur Arabe écrivait que de Tanger à Tripoli, ce vaste espace n'est qu'une ombre continue. Les nouveaux conquérants lui donnèrent le nom caractéristique d'*El-Kadra*, la Verdoyante.

Desfontaines écrivait au siècle dernier : « la Barbarie » produit un grand nombre de fruits particuliers aux cli- » mats chauds, de grenades, d'oranges, de limons aigres » et doux, de figues, de jujubes, de pistaches, de raisins, » de pastèques et d'excellents melons...... quelques-uns » de nos arbres fruitiers tels que les pommiers et les » poiriers qui ont été transportés en Afrique y ont dégé- » néré, ce qui vient sans doute du peu de soin que l'on » prend de les greffer et de les cultiver convenablement. »

« A l'époque de notre conquête les environs d'Alger » étaient plantés en jardins d'agrément ; les fermes amo- » diées par les maures étaient situées dans la Mitidja et » particulièrement à Bélida. » (Genty de Bussy.)

Les Arabes cultivaient le blé, l'orge, le maïs, le sorgho, le tabac. Celui-ci est encore planté par eux sur les terrains où ont parqué les animaux, sur les emplacements abandonnés par les tribus. L'emploi des engrais n'est pas autrement connu des indigènes, ce qui les force à recourir continuellement aux jachères.

La charrue arabe est une araire ou dental dans toute sa grossièreté primitive : « Les morceaux de bois qui la » composent sont à peine écorcés et bien souvent le soc, » formé d'un bois très-dur, ne porte point de fer ; au lieu » d'une oreille pour retourner la terre c'est une simple » cheville, traversant le montant, qui fixe le sol à l'arbre, » etc.. (Rozet, *Voyage dans la Régence d'Alger.*)

C'est avec cet instrument que l'arabe enterre son grain simplement jeté sur le soc ; il trace des sillons irréguliers, d'une profondeur moyenne de 10 centimètres laissant entre eux des bandes de terre intacte et que la terre remuée ne recouvre qu'imparfaitement. Lorsque des obstacles, des palmiers nains encombrent le champ, l'araire tourne autour sans les endommager, généralement les Indigènes qui sont en contact immédiat avec les Européens, mais ceux-là seulement, commencent aujourd'hui à se servir de nos charrues. Telle est pourtant la richesse du sol et l'influence favorable du climat, que malgré ces méthodes barbares, de belles récoltes couvraient le sol quand l'année était favorable. Les grandes productions de céréales se trouvaient principalement dans les plaines élevées, dans les parties ondulées du Tell et donnaient des produits qui jouissaient d'une juste renommée.

Le défaut de statistique et de comptabilité, sous l'administration Turque, rend très-difficile une appréciation bien approximative des productions agricoles ; on sait pourtant que le pays se suffisait à lui-même et exportait des grains et des bestiaux. Ces exportations peu considérables dans la province d'Alger, avaient une plus grande importance dans les provinces d'Oran et de Constantine.

Schaw indique que vers le milieu du siècle dernier on estimait à 7 ou 8,000 tonnes les grains exportés par les marchands Anglais (*Travels in Barbary*, p. 295) — Avant 1789 la compagnie Française d'Afrique achetait sur le littoral et principalement dans la province de Constantine des quantités considérables de grains qu'elle vendait selon les temps, dans le midi de la France, en Espagne en Italie. C'était là une des principales sources de ses profits.

De 1792 à 1795, nos provinces du midi furent approvisionnées de blés Algériens par l'intermédiare des maison Busnac et Bacri ; le règlement de cette affaire dont le Dey était le principal fournisseur, fut la cause déterminante de l'insulte faite à notre consul, insulte dont la conquête d'Alger fut la suite.

Le port d'Arzew expédiait annuellement 250 à 300 cargaisons de céréales ; en 1814, tandis que l'armée Anglaise en Espagne, recevait de ce même port des blés et 40,000 bœufs, le corsaire Barbastro, apportait des grains et des bestiaux à certains corps de l'armée Française, entr'autres à celui du maréchal Suchet qui, grâce à ses relations commerciales avec l'Agérie occidentale, regorgait de vivres tandis que d'autres manquaient de viande et de pain.

La Régence exportait aussi ordinairement de l'huile, de la cire, des laines et des peaux ; ces deux dernières denrées dont le commerce passait pour être important étaient monopolisées par le Dey d'Alger : leur produit n'atteignait environ que 150,000 francs.

En 1822, les marchandises *importés* produisaient le chiffre de 6,500,000 francs et la France ne participait plus à ce commerce que pour 1,500,000 francs.

« Les *exportations* diminuaient d'année en année ; elles ne s'élevaient « en 1822 qu'à 14 ou 1500,000 francs :
» c'était le résultat inévitable de l'état de décadence dans
» lequel toutes les sources de la richesse publique étaient
» tombées sous un gouvernement qui semblait prendre à
» tâche d'étendre les limites du désert jusqu'aux rivages de
» la Méditerrannée. » *(Tableau des Établissements français en Algérie.)*

Notre conquête apporta un changement complet dans toutes les données économiques de la Régence. Par le seul fait de notre présence nous voyons se produire rapidement une augmentation considérable dans le prix de toutes les denrées ; il est facile de s'en convaincre par les indications suivantes :

Froment (blé dur) le sad de 60 litres, avant l'occupation :	3 fr. 70	en 1833 :	8 fr. 10
Orge......... id. id....	id.......	1 fr. 20	Id.	5 fr.
Bœuf sur pied.................	id.......	18 fr.	Id.	50 à 60
Mouton id....................	id.......	2 fr. 50	Id.	12 à 15
Poulets ou poules, la paire........	id.......	50 cent.	Id.	2 fr. 50
Œufs, le 100.................	id.......	1 fr. 50	Id.	5 fr.

Huile de table, les 16 litres.......	avant l'occupation :	5 fr.	en 1833 :	12 fr.
Oranges, le 100..................	id.......	1 à 1 fr. 50	Id.	2 à 3 fr.
Cheval de travail	id.......	55 fr.	Id.	120 à 160
Mulet	id.......	150 fr.	Id.	3 à 400
Ane..........................	id.......	15 fr.	Id.	50 à 80
Une vache laitière et son veau......	id.......	46 fr.	Id.	70 à 100
Chèvre........................	id.......	2 fr. 50	Id.	10 à 12

Aussitôt la prise d'Alger nous voyons le massif d'Alger commencer à se peupler sous la protection des divers camps retranchés qui furent établis de très-bonne heure pour garder les abords de la ville. On y voyait de nombreuses propriétés Turques et Mauresques avec norias et bassins, des jardins peuplés d'orangers, de citronniers, de grenadiers, de figuiers, etc. Les nouveaux propriétaires, acquéreurs ou concessionaires, trouvaient là une maison, une installation toute faite ; ils labourèrent les champs, semèrent des céréales, introduisirent le blé tendre que les arabes ne connaissaient pas, firent venir des bestiaux de France et d'Italie, greffèrent des oliviers sauvages, plantèrent des mûriers, commencèrent à cultiver un peu de vigne. M. Genty de Bussy indique ainsi la progression de ces premières cultures.

En 1830, 200 hectares ; en 1831, 500 hectares ; en 1832, 1,300 hectares ; en 1833, 2,000 hectares ; en 1834, 2,800 hectares.

En 1834, sur le territoire de Bône, les Européens avaient en culture 2,355 hectares de céréales, légumes, fèves, oliviers et fruits, etc.

A la même époque, autour des villes d'Oran et de Mostaganem[1], les Européens cultivaient environ 2,800 hectares de céréales, arbres fruitiers de toutes sortes et légumes.

En 1833, les colons fournissaient à Alger, 11,831 quintaux métriques de foin ; ils en fournissaient 864 quintaux métriques à Bône.

Ils se répandent progressivement sur divers points du Sahel les plus rapprochés d'Alger; Kouba, Tixiraïn, Kaddous, El-Biar et Cherragas.

Ils ne se contentent pas de semer du blé, ils font des essais de toute sortes, plantent du coton, de la canne à sucre, de l'indigo.

En 1834, le relevé de la situation du village de Kouba, donne une population de 92 personnes établies sur 131 hectares; les céréales couvraient 19 hectares; les vignes 93 ares; pommes de terre, fèves, etc. 9 hectares 22; potager 5 hectares 31.

A Delhi-Ibrahim: population 215 personnes; céréales 31 hectares 90; pommes de terre, fèves etc., 31 hectares 61; potager, 20 hectares 76.

Dès 1832 l'Administration avait créé au Hamma, à côté d'Alger, un jardin d'essai ou d'acclimatation, qui avait pour objet « de propager, par un établissement que le gou- » vernement seul pouvait soutenir, la culture des arbres » et plantes les plus utiles et auxquels conviennent le « sol et le climat d'Afrique. » Cette pépinière qui avait 5 hectares de superficie fut portée à 24 hectares en 1834, et plus tard à 34 hectares. Les colons pouvaient s'y procurer à des prix modérés des arbres et des plantes utiles.

En 1834 le général Voirol créa le camp de Douéra et des colons vinrent s'installer autour. En 1835, un poste militaire était établi à Bouffarik; quelques colons séduits par l'incroyable fertilité de cette terre et bravant courageusement l'insalubrité excessive de ce point, allèrent s'établir autour de nos soldats. La récolte des foins soutint dans les premiers temps l'existence de ces hommes intrépides. Par des prodiges de courage et de ténacité ils créèrent, dans la partie la plus malsaine de la Mitidja, le centre aujourd'hui le plus salubre et le plus florissant de cette riche plaine.

Cette même année, l'Administration créait 14 communes rurales autour d'Alger, mais des hommes plus entreprenants ne craignaient pas de s'aventurer au-delà de nos postes avancés, au milieu des Arabes, à la Rassauta, à l'Arba, jusqu'à la Rhegaïa, et d'y placer d'importants capitaux.

En 1837 les relevés officiels portent à 9,072 hectares la superficie cultivée par les Européens en Algérie :

Alger........................	6.935 hectares
Établissements particuliers....	944
Oran 157 .... Mostaganem 438.............	596
Bône........................	597
	9,072

A cette époque 64,462 oliviers avaient été greffés; 327,279 arbres dont 87,225 mûriers avaient été plantés ainsi qu'un peu de vigne. La route d'Alger à Blidah était à peu près finie jusqu'à Douéra et ouverte et terrassée en grande partie jusqu'à Bouffarik.

Celle de la plaine par Birkadem et l'Oued-el-Kerma, tracée et ouverte jusqu'à Birkadem.

Celle de la plaine, par le Gué-de-Constantine, tracée et ouverte jusqu'à Kouba et au Gué.

Enfin, les petites routes de la Rassauta et de la pointe Pescade étaient aussi ouvertes.

Cependant, en 1837, la sécurité dont on jouissait dans la Mitidja, aux portes d'Alger, était si précaire que le gouverneur général, pour s'avancer jusqu'à Blidah reconnaître le cours de la Chiffa, l'embouchure du Mazafran et visiter en passant Koléah, jugeait à propos de se faire accompagner par une colonne de 7,000 hommes.

En 1838 et 1839, l'autorité supérieure était encore si indécise sur la direction à imprimer à la colonisation algérienne, qu'elle détournait autant qu'elle le pouvait les colons qui voulaient dépasser la ligne des postes et les abandonnait complètement à leurs risques et périls. Cependant, depuis 1835, d'autres colons s'étaient successivement établis dans la plaine, et c'est ainsi, qu'en 1839, quelques grands propriétaires se trouvaient répandus peu à peu, non-seulement sur l'espace compris dans l'enceinte de nos lignes fortifiées autour d'Alger, mais encore sur une grande partie du centre et de l'est de la Mitidja.

Toutefois, la situation de l'agriculture, en Algérie, n'était pas encore bien brillante. Les difficultés du prepremier établissement étaient trop grandes, les moyens de communication, les assainissements n'étaient pas encore assez avancés, la stabilité de notre pouvoir, la sécurité surtout, n'étaient pas assez complètes pour qu'un ensemble de progrès bien sérieux put encore se dessiner, mais on voit que les germes d'une réelle occupation agricole se montraient déjà et ne demandaient qu'à pouvoir se développer vigoureusement. L'augmentation continuelle et régulière de la population européenne en garantissait l'avenir ; en voici le développement successif :

1831	3.228 habitants	1836	14.561 habitants
1832	4.858	1837	16.770
1833	7.812	1838	20.078
1834	9.750	1839	25.000
1835	11.221		

Des circonstances politiques dont nous n'avons pas à nous préoccuper ici produisirent à cette époque une terrible pertubation dans la colonie.

Un soulèvement général provoqué par Abd-el-Kader amena de nouveau la guerre jusque sous les murs d'Alger ; les Arabes se ruèrent sur nos fermes naissantes de la Mitidja ; leurs fondateurs les défendirent vaillamment à l'aide de leurs ouvriers et des Arabes qu'ils avaient su grouper pour leur service ; mais forcés de se retirer sur Alger, ils virent ruiner et incendier ces beaux haouch qui leur promettaient un riche avenir.

A cette première période difficile, sans sécurité et dont le dénouement fut si terrible, succède une ère bien laborieuse aussi, mais dont la prospérité toujours croissante inspire une confiance profonde parce qu'elle repose aujourd'hui sur des garanties sérieuses dont la sécurité est la première base.

Dès le commencement de l'insurrection, l'autorité militaire avait rapidement fait occuper Blidah, conquis Médéah et Milianah, mais des bandes de pillards, passant à travers nos lignes et nos camps, forçaient les colons à s'abriter dans les camps retranchés ; nommé gouverneur général le 29 décembre 1840, le Maréchal Bugeaud, obligé de se transporter dans la province d'Oran, ne put immédiatement pacifier celle d'Alger. Ce ne fut qu'en juin 1842, que les Mouzaïa et le Hadjoutes eux-mêmes demandèrent l'aman.

A partir de cette époque, le Sahel et la Mitidja reprennent leur essort pour ne plus s'arrêter, et l'Algérie les suit progressivement. Les colons, libres désormais de laisser leur fusil de côté, se livrent à leurs travaux avec une entière ardeur. A mesure que l'œuvre de la pacification, rapidement menée par Bugeaud, fait des progrès, nous voyons se fonder partout des fermes et se répandre des Européens. Désormais l'histoire des progrès de l'agriculture en Algérie ne sera plus soumise à celle de la pacifications mais bien à celle de la colonisation à laquelle elle reste toujours intimement liée.

A mesure que la colonisation progresse l'agriculture la suit dans son développement, et le champ de notre étude s'agrandit tous les jours. L'activité qui se développe en Algérie sous notre influence, l'augmentation rapide de ses forces de productions nous sont clairement indiquées par le tableau des importations et des exportations :

ANNÉES	IMPORTATIONS	EXPORTATIONS	TOTAL
	fr.	fr.	fr.
1831	6.504.000	1.479.600	7.983.600
1835	16.778.737	2.597.866	19.376.603
1840	57.334.737	3.788.834	58.120.936
1845	94.642.605	10.491.059	105.133.664
1850	72.692.782	19.262.383	91.955.165
1855	105.452.027	49.320.029	154.772.056
1860	109.457.453	47.785.982	157.243.435
1865	175.275.763	100.538.461	275.814.224
1870	172.690.713	124.456.249	297.146.962
1871	195.002.045	111.700.672	306.702.717
1872	197.044.977	164.603.634	361.648.611
1873	206.737.200	152.216.366	358.953.566
1874	196.255.214	149.352.895	345.608.109
1875	192.358.426	143.932.422	336.290.848
1876	213.352.396	166.538.580	380.032.977

Ce tableau du commerce général de l'Algérie offre le plus grand intérêt au point de vue de l'agriculture car il s'y rattache directement, par les exportations qui appartiennent presque exclusivement aux productions agricoles.

Dans les premières années les importations offrent un accroissement rapide ; tout est à créer et la Colonie ne peut rien produire, car l'état de guerre paralyse toute culture sérieuse jusqu'en 1842 et nécessite l'entretien d'une puissante armée. Cependant, la population Européenne augmente et sa seule présence active les importations tant que les produits agricoles du pays ne peuvent venir en aide à la consommation. Mais aussitôt que l'industrie Européenne peut commencer à mettre en valeur d'une manière sérieuse les ressources du sol qu'elle occupe, elle ne tarde pas à s'approvisionner en partie sur place et nous voyons les importations se ralentir dans leur progression. Les exportations prennent, au contraire, une marche ascendante régulière, de plus en plus active et soutenue. De sorte que si nous examinons les chiffres du commerce, nous voyons que les importations et les exportations entrent dans le total :

En 1840,	importations pour	93 54 %	et les exportations pour	6 46 %
En 1850,	id.	79 26	—	20 74
En 1860,	id.	69 61	—	30 39
En 1870,	id.	58 12	—	41 88
En 1876,	id.	56 71	—	43 29

Etudions à présent le capital agricole formé par les instruments de toutes sortes, aratoires et autres, et par les bestiaux. En voici les tableaux depuis 1862 jusqu'à 1876 :

DÉSIGNATION des INSTRUMENTS	1862		1867		1872		1876	
	Européens	Indigènes	Européens	Indigènes	Européens	Indigènes	Européens	Indigènes
	Nombre des instruments	Nombre des instruments	Nombre des instruments	Nombre des instruments	Nombre des instruments	Nombre des instruments	Nombre des instruments	Nombre des instruments
Charrues	15.874	»	16.337	214.833	19.128	183.581	25.247	211.478
Herses, rouleaux, semoirs	10.996	»	11.195	369	12.366	1.159	16.409	1.430
Chariots, charrettes et tombereaux	10.637	»	12.057	305	13.952	385	15.762	634
Faucheuses, rateaux à cheval, moissonneuses	43	»	146	»	392	4	547	4
Machines à battre, à vapeur et à manège	129	»	191	2	410	3	612	4
Tarrares, égrenoirs, hâche-paille	1.275	»	1.275	344	1.864	230	3.086	60
Egrappoirs, fouloirs à raisins, pressoirs à vins	»	»	354	»	431	»	719	»
Egreneuses à coton, brayeuses et teilleuses à lin	»	»	1.654	2	646	210	577	253
TOTAL	37.679	»	43.209	215.855	49.186	185.572	62.958	213.863
VALEUR	»	»	5.113.413	1.833.186	7.950.667	1.515.629	10.009.000	3.000.000

BESTIAUX

RACES	1862 Européens	1862 Indigènes	1862 TOTAL	1867 Européens	1867 Indigènes	1867 TOTAL	1872 Européens	1872 Indigènes	1872 TOTAL	1876 Européens	1876 Indigènes	1876 TOTAL
Chevaline......	11.960	»	»	16.613	187.068	203.681	15.566	112.380	127.946	16.898	142.160	159.058
Mulassière......		»	»	6.477	150.547	157.024	9.251	119.958	129.209	13.102	124.265	137.367
Asine..........	7.945	»	»	4.850	220.016	224.866	5.039	115.528	120.567	6.418	169.360	175.778
Chameaux	»	»	»	32	183.721	183.753	158	178.484	178.642	29	185.814	185.843
Bovine.........	70.058	»	»	109.814	1.034.247	1.144.061	88.378	727.490	815.868	122.882	1.036.801	1.159.683
Ovine..........	99.723	»	»	120.082	8.333.700	8.453.782	156.460	5.772.227	5.928.687	173.036	9.305.217	9.478.253
Caprine........	23.976	»	»	89.871	3.331.503	3.421.374	49.371	2.748.558	2.797.929	54.954	3.598.593	3.653.547
Porcine........	29.991	»	»	48.426	3.029	51.455	68.742	227	68.969	56.611	964	57.575
TOTAL......	243.653	»	»	346.166	13.463.831	13.809.997	392.975	9.774.852	10.167.827	443.930	14.563.174	15.007.104

Ce matériel : instruments et animaux, établit le fond réel de la richesse des populations agricoles. En mettant à part les charrues Arabes, qui ne sont que des instruments primitifs d'une valeur très-minime à tous les points de vue, on peut apprécier l'énorme supériorité de l'outillage chez les Européens.

Le tableau de la richesse animale contient des indications qui doivent être signalées. Le nombre des animaux de bât, surtout des chameaux, est relativement très-considérable chez les Indigènes. L'explication est facile si l'on se souvient que les Arabes n'ont qu'une quantité insignifiante de chariots, et que tous leurs transports se font à dos de mulet dans le Tell, et à dos de chameaux dans les Hauts-Plateaux, dont les Européens sont complètement exclus par suite de l'attribution complète de ces terres, en 1863, aux tribus qui les parcouraient.

Les chevaux et les bœufs paraissent distribués à peu près d'une manière proportionnelle entre les Indigènes et les Européens ; chez ces derniers le nombre des mulets s'est rapidement augmenté de 1857 à 1876, et atteint à présent une répartition proportionnelle égale.

Mais, si au lieu de prendre le chiffre de la population *générale*, nous ne tenons compte de part et d'autre que du chiffre de la population *agricole*, nous voyons alors que les colons possèdent un nombre de ces animaux relativement bien plus grand que celui des Indigènes. C'est là un fait considérable, car la plupart des Européens disposent de très-peu de terres et, non-seulement ils ne peuvent avoir de troupeaux, mais encore beaucoup d'entr'eux doivent acheter une partie de la nourriture indispensable à leurs bêtes de trait.

Les bœufs représentent toute la force agricole, du moins chez les Arabes ; chez les Européens nous voyons une tendance générale à donner aux animaux plus de poids et de vigueur. En outre, les colons cherchent continuellement à introduire de plus en plus dans leurs travaux l'action plus rapide des chevaux, des mulets et des locomobiles. Ils possèdent donc une bien plus grande force relative et un nombre réel bien plus considérable d'instruments perfectionnés pour mettre en produit une surface de terre 18 fois fois moins étendue que celle dont les Indigènes disposent ! Ces faits offrent une carrélation directe et intéressante, avec la régularité des productions et leur augmentation progressive chez les Européens, qui ne peuvent pourtant disposer de nombreuses jachères, cette ressource, la plus importante des cultures extensives, les seules généralement possibles et les plus sûrement productives dans un pays en voie de formation.

La plupart des autres produits agricoles ont aussi augmenté d'une manière remarquable ; on peut s'en rendre compte par le tableau des principales cultures et leurs rendements.

PRODUIT	ANNÉES	CÉRÉALES				RENDEMENT MOYEN par hectares	
		EUROPÉENS		INDIGÈNES			
		Superficies ensemencées (hectares)	Rendement en quintaux métriques	Superficies ensemencées (hectares)	Rendement en quintaux métriques	Européens	Indigènes
Blé tendre..	1862	36.175	279.370	»	»	8 45	5 56
	1865	44.900	397.064	10.276	51.924		
	1867 et 1868	86.842	375.852	13.968	48.890		
	1869 — 1870	86.527	762.997	23.572	133.453		
	1871 — 1872	125.483	1.052.356	33.571	184.538		
	1873 — 1874	161.003	1.407.738	114.968	609.588		
	1875 — 1876	180.843	1.614.415	82.014	546.654		
Blé dur...	1862	67.474	473.755	761.696	3.778.665	7 27	4 73
	1865	52.633	350.752	982.526	4.234.025		
	1867 et 1868	96.298	585.615	1.347.350	5.010.209		
	1869 — 1870	115.127	855.387	1.183.450	7.550.679		
	1871 — 1872	150.966	1.286.452	1.327.164	5.544.493		
	1873 — 1874	293.943	1.562.862	1.763.610	8.556.265		
	1875 — 1876	309.309	2.142.673	2.080.885	9.811.262		
Orge.....	1867 — 1868	99.826	630.723	1.874.635	7.669.764	8 61	5 92
	1869 — 1870	90.275	818.558	1.669.114	11.353.769		
	1871 — 1872	112.790	1.054.084	1.680.564	8.998.643		
	1873 — 1874	144.850	1.331.382	2.251.654	13.000.457		
	1875 — 1876	317.400	2.754.110	2.644.205	18.867.743		
Avoine....	1867 — 1868	16.373	240.275	61	522	11 99	6 84
	1869 — 1870	23.190	297.233	1.800	13.152		
	1871 — 1872	36.010	387.901	2.414	10.489		
	1873 — 1874	38.415	457.463	557	6.095		
	1875 — 1876	45.916	531.994	4.312	32.353		
Maïs.....	1867 — 1868	6.538	47.411	22.655	122.203	8 42	5 83
	1869 — 1870	5.357	49.403	22.260	148.238		
	1871 — 1872	6.065	55.954	31.070	233.111		
	1873 — 1874	8.220	75.562	25.528	231.944		
	1875 — 1876	12.287	95.927	32.207	154.498		

TABLEAU DE DIVERSES CULTURES EN ALGÉRIE

		UNITÉS	1866	1867	1868	1869	1870	1871	1872	1873	1874	1875	1876
	TABAC												
Européens.	Superficies plantées......	Hectares...	1.889	1.685	1.247	1.413	1.322	1.438	1.496	2.450	2.802	2.931	2.720
	Quantités récoltées......	Kilogram..	1.228.187	1.234.912	1.160.676	1.164.565	2.065.790	1.078.060	1.508.787	2.843.264	2.690.509	3.575.583	3.050.676
Indigènes.	Superficies plantées......	Hectares...	2.481	2.658	3.317	2.972	2.963	3.436	3.543	3.422	3.658	3.689	4.421
	Quantités récoltées......	Kilogram..	774.379	1.356.292	1.650.093	814.325	1.430.488	775.139	2.516.553	1.944.033	2.037.253	2.046.742	2.055.253
	LINS												
Européens.	Superficies cultivées.....	Hectares...	2.414	3.070	3.453	4.680	5.547	3.115	2.545	9.156	8.261	5.580	5.204
	Rendement en paille.....	Kilogram..	3.473.354	4.310.412	4.332.587	1.925.311	3.953.562	1.320.325	297.745	1.682.031	914.454	915.890	1.632.750
	— en graines....	Id....	1.599.259	1.909.440	4.542.506	2.525.236	4.539.593	1.585.445	2.228.144	6.502.200	3.994.717	3.304.690	2.491.745
	— en filasse.....	Id....	301.132	177.988	200.734	174.924	10.600	19.425	930	1.000	600	10.800	14.825
Indigènes.	Superficies cultivées.....	Hectares...	»	24	73	110	75	93	115	286	373	317	251
	Rendement en paille.....	Kilogram..	»	4.610	89.660	30.259	48.400	170.600	24.900	16.545	540	39.538	104.849
	— en graines....	Id....	»	5.163	24.251	53.305	54.040	30.738	77.465	228.300	116.189	244.557	184.111
	— en filasse.....	Id....	»	1.112	14.892	1.973	16.850	85.250	1.530	2.280	200	100	1.348
	COTONS												
Européens.	Superficies cultivées.....	Hectares...	5.076	1.789	1.558	2.389	2.568	1.772	1.395	1.325	592	193	294
	Récoltes après égrenage...	Kilogram..	752.331	111.848	209.168	129.723	367.145	264.425	151.308	335.300	247.800	33.320	»
Indigènes.	Superficies cultivées.....	Hectares...	700	594	171	300	25	48	47	60	47	8	»
	Récoltes après égrenage...	Kilogram..	128.230	91.040	9.580	6.955	4.500	10.250	3.616	15.800	1.595	2.700	»
	SÉRICICULTURE												
Européens.	Nombre d'éducateurs.....	....	»	116	161	305	174	123	87	84	111	39	150
	Quantités récoltées......	Kilogram..	»	5.383	10.360	10.387	10.500	4.922	8.651	4.898	10.724	4.075	6.156
	VIGNE												
Européens.	Superficies plantées......	Hectares...	8.187	8.648	8.549	9.045	8.972	9.871	10.939	10.316	11.420	12.182	12.869
	Quantités de vin récoltées .	Hectolitres..	93.111	76.413	144.607	126.875	127.084	184.531	227.840	170.679	228.999	»	»
Indigènes :	Superficies plantées......	Hectares...	3.243	3.737	4.617	3.851	3.544	3.572	3.619	3.929	3.904	3.862	3.854

Il est facile de lire dans ces tableaux les progrès réels de l'agriculture Algérienne.

L'abondance, la beauté des céréales du Nord de l'Afrique, sous les Romains, est un fait historique trop connu pour que nous devions y insister. Cette production si réduite depuis lors, n'en était pas moins restée, comme nous l'avons vu, l'article le plus important d'exportation dans le commerce de la Régence d'Alger, jusqu'à notre conquête.

A partir de cette époque nous voyons la culture des céréales arrêtée comme toutes les autres par l'état permanent d'hostilités jusqu'au jour de la pacification. Mais dès que celle-ci est un fait accompli et que les Indigènes peuvent reprendre leurs labours, les ensemencements se développent rapidement, et dès 1852, l'Algérie exporte déjà des quantités de blé plus considérables que celles exportées sous les Turcs.

Nous avons vu que les Européens ont introduit le blé tendre en Algérie, ce produit resta plusieurs années exclusivement dans leurs mains. Les Indigènes n'en récoltent encore que de faibles quantités, mais ils étendent constamment leurs labours de blé dur. On aperçoit néanmoins dans leurs récoltes, en dehors des causes extraordinaires intercurrentes, (révoltes, famine, etc.,) une irrégularité de rendement qui contraste d'une manière remarquable avec la régularité et la progression soutenue des rendements Européens.

Voici dans quel rapport chaque population participe à la récolte totale :

1855	Européens	7 46 o/o	chez les Indigènes	92 54 %
1862	id.	16 64	id.	83 36
1867-1868	id.	18 67	id.	81 33
1869-1870	id.	17 38	id.	82 62
1871-1872	id.	29 35	id.	70 65
1873-1874	id.	24 51	id.	75 49
1875-1876	id.	26 69	id.	73 31

1862

Français et Européens............ 204.877 — 6 94 % du total.
Indigènes......................... 2.758.948 — 93 06 % —

1866

Français et Européens............ 269.174 — 9 23 % —
Indigènes......................... 2.652.072 — 90 77 % —

1872

Français et Européens............ 291.173 — 12 08 % —
Indigènes......................... 2.125.052 — 87 92 % —

1873

Français et Européens............ 293.717 — 11 94 % du total.
Indigènes......................... 2.171.690 — 88 06 % —

1876

Français et Européens............ 353.639 — 12 58 % du total.
Indigènes......................... 2.462.936 — 87 42 % —

Ces indications portent sur la population totale : *urbaine* et *agricole* réunies. La population *agricole* Française et Européenne était, en 1852, de 109.808 âmes ; en 1875 : 118.852 ; en 1876 : 123.304. La population *agricole* arabe était, en 1875, de 2.136.424 âmes ; ce nombre ne varie guère.

Ces indications statistiques permettent de prévoir que dans un nombre restreint d'années les Européens commenceront à régir le marché des céréales d'exportation et lui imprimeront alors une régularité croissante que nous devons tous désirer.

A côté des céréales, nous devons signaler deux produits qui sont dûs aux Européens : les farines et les légumes secs.

La première exportation de farines s'est faite en 1853 pour 367 kil. ; en 1876, elle s'élève à 61,745 kil.

Les premiers légumes secs ont été exportés en 1852 pour 1,078,626 kil. ; en 1875, pour 10,039,124 kil. ; en 1876, pour 7,310,690 kil.

Les tabacs ont progressé depuis 1867, mais ils ne sont pas encore revenus aux chiffres de 1858 et 1859, époque de leur apogée.

La culture et le commerce de ce produit important sont complètement libres en Algérie ; le Gouvernement en fait des achats considérables tous les ans et la sûreté de ces paiements pousse tous les producteurs à lui apporter leurs manoques. A certains moments, la mauvaise qualité du tabac, l'encombrement ou d'autres raisons mal connues ont ammené l'Administration à supprimer brusquement ses achats, notamment en 1860 et en 1875; il en est toujours résulté de graves perturbations qui ont sérieusement préoccupé, à diverses reprises la Société d'Agriculture d'Alger et la Chambre consultative. Les principaux producteurs ont cherché activement à donner une grande extension, dans ces derniers années, à leurs débouchés commerciaux, afin d'atténuer autant que possible les funestes effets de ces arrêts subits, contre lesquels ils n'ont aucun recours, et qui ne leur offrent pas de transactions possibles.

Le manque d'usines pour le teillage du lin, enlève jusqu'ici aux colons la possibilité d'utiliser les tiges de cette plante ; c'est pourtant le meilleur produit ; aussi a-t-on abandonné le lin de Riga pour celui d'Italie qui porte plus de graines. On reviendra promptement au Riga lorsque des usines sérieuses permettront de viser à la production des tiges, du reste graines et fibres sont très-belles et d'excellente qualité.

Les cotons paraissent avoir fini leur temps après avoir été l'objet d'un véritable engouement. Ce produit ne convient qu'à certains points très-limités de l'Algérie, principalement dans la province d'Oran et dans les oasis. Il ne tiendra probablement plus rang dans la grande culture. Tous les encouragements de l'Administration n'ont pu triompher de la concurrence des Etats-Unis. En Algérie la culture du coton a commencé sérieusement en 1852 ; malgré les primes données par le Gouvernement, la production n'est jamais arrivée qu'à des chiffres relativement insignifiants pour un grand pays agricole ; en 1853, l'Algérie ne produisait que 141,257 kilos. Vers cette époque, sous l'influence des perturbations commerciales produites par la guerre contre l'esclavage aux Etats-Unis, la production s'élève tout-à-coup, en 1864, à 493,309 kil.; en 1865, à 615,183 kil. en 1866 à 744,158 kil. pour retomber brusquement en 1867 à 381,603 kil. et décliner peu à peu à 36,000 kil.en 1874. Enfin, en 1876, les documents officiels annoncent que cette culture est complètement abandonnée dans les provinces d'Alger et de Constantine. A Oran on n'en compte plus que 204 hectares.

La concurrence de l'Amérique, celle de l'Asie, plus tard, peut-être celle de l'Afrique centrale, permettront difficilement à cette culture de prendre un large développement sur la plus grande partie des bords de la Méditerranée, malgré la facilité avec laquelle y pousse le cotonnier.

La sériciculture parait appelée à un grand avenir, mais actuellement elle a beaucoup décliné et se trouve presque réduite à rien.

La Société d'Agriculture d'Alger, dans son rapport de 1876, indique comme causes de ce dépérissement les maladies survenues dans ces dernières années sur les vers à soie ainsi qu'une maladie qui attaque les feuilles des mûriers vers la troisième mue. On a essayé des graines d'origines très-diverses, on a appliqué le système Pasteur, le tout avec des succès très-mélangés. Cependant les très-petites éducations ont presque toujours bien réussi. Les femmes mauresques élevaient autrefois des vers à soie qui venaient bien. On doit espérer voir se terminer favorablement la crise actuelle.

La vigne a toujours progressé, mais dans les premières années les mises de fonds qu'exigent les grandes plantations, les difficultés qu'éprouvaient les premiers viticulteurs à faire un vin potable et se conservant; la nécessité de construire des celliers, avaient empêché l'essort général de cette production si rémunératrice, si désirée de tous les propriétaires.

Depuis quelques années, divers colons ont commencé à faire du bon vin. Leur installation est améliorée, leur vaiselle vinaire suffisante, leurs vignes sont arrivées à un certain âge ; enfin ils ont une expérience de plusieurs années. L'ensemble de ces bonnes conditions a permis de triompher des difficultés opposées par tant d'obstacles et par un climat nouveau. En mai 1858, la Société Centrale d'horticulture de France admit à son exposition des produits de l'Algérie ; la Commission constata que la plupart des vins algériens étaient de qualité médiocre et qu'ils manquaient de soins suffisants dans leur fabrication.

A l'Exposition universelle de 1867, on remarqua un sensible progrès ; les procédés de fabrication étaient meilleurs, le matériel bien plus complet et les bons cépages mieux connus. Cet emménagement supérieur, cette expérience de la vinification, permit de marcher de mieux en mieux. Voici comment se termine la notice du catalogue spécial de l'Algérie à l'Exposition universelle de Vienne de 1873, publiée par le Ministère de l'Intérieur : « En résumé, l'in-
» dustrie vinicole a fait de grands progrès en Algérie dans
» ces dernières années. La production des vins rouges qui
» était arriérée comme qualité sur celles des vins blancs
» s'est aussi beaucoup améliorée, et à l'Exposition de
» Lyon, en 1872, on a pu constater dans les échantillons
» envoyés une différence sensible par rapport à ceux de
» l'Exposition de 1867. »

Enfin, en 1876, à l'Exposition agricole d'Alger, un grand nombre de propriétaires ont apporté, en dehors des vins blancs et de liqueur, de nombreux vins rouges de table, bien faits, bien conservés et parmi lesquels certains se distinguaient par des qualités véritables de corps et de bouquet. Leur solidité a paru assez établie pour que l'Administration en fit une demande de 1,286 hectolitres aux propriétaires. Ces faits sont intéressants, en présence des ravages que le phylloxera continue à exercer dans les plus riches vignobles de France.

L'exposé de la situation, fait au Conseil supérieur, en novembre 1877, par M. le Gouverneur général, indique les quantités de vignes actuellement plantées comme étant de 18,208 hectares. M. Djernon, dans les conférences officielles, faites cette même année à Alger, porte cette superficie à 22,000 hectares. Quoiqu'il en soit, les plantations de vignes se développent aujourd'hui avec une grande activité dans les trois provinces.

La culture des espèces propres à fournir des essences pour la parfumerie tend à prendre une extension importante; commencée à Chéragas par des colons originaires du Var, elle s'est étendue sur divers points, et nous verrons plus loin l'indication d'un établissement agricole des plus remarquables, fondé principalement pour l'exploitation de cette industrie.

Les plantations de citronniers, d'orangers, de mandariniers, augmentent tous les ans dans d'énormes proportions et commencent à donner lieu à d'importants envois de fruits.

Nous ne devons pas terminer ce rapide aperçu sans mentionner l'alfa qui pousse spontanément sur d'immenses surfaces incultes des Hauts-Plateaux et parait devoir être pour l'Algérie l'objet d'un commerce important. Ce n'est point une plante semée par l'homme, mais elle n'est pas moins un produit du sol et son emménagement intelligent, qui seul pourra en prolonger lontemps l'exploitation, peut être considéré jusqu'à un certain point, comme une véritable culture. C'est en 1868, que l'on a commencé à rechercher ce produit dont le marché anglais est le principal consommateur.

En 1868 on a livré a l'angleterre	2.762 tonnes
1869	3.487
1870	29.500
1871	45.371
1872	28.680
1873	25.500
1874	37.516
1875	41.350
1876	40.922

En 1875 et 1876, il a été en outre, expédié de différentes parties d'Algérie, sur la France, l'Espagne, le Portugal et la Belgique, 33,289 tonnes, savoir : 15.452 en 1875, et 17,837 en 1876.

Tous ces renseignements, ces tableaux, ces chiffres officiels établissent assez exactement l'ensemble des progrès de l'agriculture en Algérie sous l'influence de notre civilisation ; on en trouvera le détail dans divers recueils qui fournissent d'intéressantes indications sur les difficultés de toutes sortes contre lesquelles les colons n'ont cessé de lutter. Les actes de la Chambre consultative donnent, pendant une période de 16 ans (1854 à 1870,) une suite de délibérations et de rapports des plus instructifs sur toutes les questions qui touchent à l'économie agricole de l'Algérie. Le bulletin de la Société d'agriculture dont la publication régulière a commencé en 1857, et n'a plus discontinué, peut-être considéré comme un véritable *compendium* de l'agriculture algérienne ou toutes les questions qui s'y rattachent sont traitées par les hommes qui sont eux-mêmes aux prises chaque jour avec les difficultés de la pratique. Ils est d'autres sources dont nous devons aussi parler parce qu'elles complètent l'histoire agricole de l'Algérie, en donnant sur la colonie, sur ses progrès, son développement, sa vie de chaque jour, ses détails intimes que l'on trouverait difficilement ailleurs : ce sont les Expositions.

La première exposition annuelle des produits de l'agriculture eut lieu à Alger du 20 ou 25 septembre 1848, en vertu d'un arrêté du Gouverneur général, sanctionné par une décision ministérielle du 21 août de la même année. Un jury composé de colons et de fonctionnaires distribua 27 médailles d'argent et 32 de bronze à différents produits : céréales, tabac, soie, olives, bêtes à cornes, moutons et brebis, on distribua en outre une somme de 6,000 francs en primes d'encouragement.

En 1849, Constantine, Bône et Phillipeville eurent leur exposition comme Alger ; une série de prix fut affectée aux types de la race chevaline, aux cultures fourragères, à la garance, au coton, aux graines oléagineuses, aux plantes textiles, à l'entretien du bétail, aux défrichements, aux dessèchements, aux irrigations, aux instruments aratoires perfectionnés, à l'introduction des plantes nouvelles, etc. Des médailles d'or, d'argent et de bronze étaient en même temps réservées à *l'intelligence agricole*, c'est-à-dire aux exploitations les mieux entendues, aux travaux de colonisation les plus importants.

En 1850 on perfectionna le programme : il fut rendu analogue pour les trois provinces ; sur tous les points les jurys chargés de distribuer les primes furent unanimes à signaler d'énormes progrès accomplis par l'agriculture algérienne.

En 1851 les résultats sont encore plus satisfaisants ; la nouvelle législation douanière, qui admet en franchise en France les produits du sol algérien, est venue imprimer à la production un élan nouveau déjà appréciable.

Dans la province d'Alger le rapport du jury constate qu'une amélioration prononcée s'est réalisée dans les différentes branches de la production du pays depuis 1850 ; dans diverses fermes l'assolement commence à se dessiner, ... des croisements judicieux de la race bovine attirent l'attention des jurés.

Dans la province de Constantine, les soins au bétail sont en progrès manifestes, la soie offre de magnifiques échantillons, les tabacs, fruits secs, figues, raisins, des animaux de toute beauté constituent les caractères distinctifs de l'exposition de Bône ..... Dans l'Ouest, à Oran, l'essort est considérable malgré les plus dures épreuves subies au début par cette province; c'est à elle qu'appartiennent les plus belles fermes de l'Algérie, celle de l'Union du Sig, de 3,000 hectares, et celle de M. Dupré de Saint-Maur, de 1,300 hectares, à Arbal.

On voit à cette exposition de beaux types de l'espèce bovine de race espagnole, des moutons mérinos, de riches céréales, de la soie, du coton, de la cochenille, des arachides, de la garance, etc. Cent cinquante norias établies dans la banlieue d'Oran témoignent des efforts faits pour l'extension et le perfectionnement de cette branche de l'art agricole.

En 1852, le Jury qui visitait, dans la province d'Alger, les fermes, les exploitations des concurrents, signale les progrès remarquables de la colonisation et des défrichements ; au pied de l'Atlas et sur les pentes du Sahel, on aperçoit de nombreuses habitations qui n'existaient pas il y a quelques années : « C'est dans le voisinage de la » grande artère qui relie Blidah à Alger, que les travaux » agricoles ont le plus occupé l'espace ; puis ils s'éclair- » cissent insensiblement sur le sol, au fur et à mesure que » l'on s'éloigne de ce centre vers l'Est et vers l'Ouest. »

Des groupes de population s'établissent aussi autour des principales villes, Médéah, Milianah, Orléansville, Ténez, etc. Une grande médaille d'or et une de bronze sont accordées à deux fermes dont les bâtiments, la bonne exploitation, les instruments perfectionnés et le bétail bien entretenus ont mérité ces récompenses. Le rapport signale aussi « à l'extrémité du territoire livré à la colonisation » la ferme du Corso, où s'établit une superbe exploitation. Aujourd'hui, ce point fait presque partie de la banlieue d'Alger et les terres y ont une grande valeur.

L'Exposition de 1853 fut moins malheureuse que les années précédentes; mais, dans les trois provinces, elle accusa des améliorations sensibles. En 1854, un grand nombre de petits colons apportèrent leurs produits. Voici comment s'exprime le rapport : « Le Jury a le bonheur de » signaler des améliorations remarquables. L'Exposition » actuelle semble moins brillante que jadis, on n'y voit » plus, comme aux premières années, toutes les richesses » exotiques qu'y étalait la pépinière centrale du Gouver- » nement, qui faisait les frais de l'Exposition ; aujourd'hui » elle s'est effacée pour faire place aux produits des culti- » vateurs qui sont la richesse réelle du pays et qui, à leur » tour, envahissent l'enceinte. D'autres produits, ceux » de la culture maraichère, se sont également éloignés en » partie ; c'est qu'ils n'ont plus besoin d'encouragements ; » c'est que leur production suffit largement à la consom- » mation locale et même à l'exportation, etc... » Plus loin, ce rapport instructif ajoute : « Au fond de la plaine » de ces Hadjoutes si farouches et si redoutés, à l'Haouch » Haïd-el-Sebt, sur le Bou-Roumi, le Jury s'est trouvé en » présence d'une ferme tout à fait française. Belle maison » d'habitation et dépendances de 60^{m} de façade, avec cour » intérieure, noria, bassin, briqueterie. MM. Magné et

» Fabre, propriétaires de cette belle ferme, possèdent 180
» têtes de gros bétail dont 46 de trait, chevaux, juments
» et pouliches ; 100 moutons et 280 porcs; 30 hectares ont
» été défrichés et sont en tabac ; 50 ares en coton ; 2.500
» arbres ont été plantés, etc..... » Aujourd'hui, le Bou-Roumi est à la 3e station, après Blidah, du chemin de fer d'Alger à Oran ; de nombreux centres de population et des fermes bien défrichées et cultivées s'étendent au loin de ce village comme nous le verrons dans le rapport du Jury de l'Exposition de 1876.

A l'Exposition universelle de 1855, l'Algérie affirma ses progrès d'une manière très-satisfaisante : elle eut environ 550 exposants; en 1849, à l'Exposition de Paris; elle n'en avait eu que 116, et 61 à Londres en 1851. Notre jeune colonie mérita 49 médailles de 1re classe, 120 de 2e classe et 81 mentions honorables.

Le 15 septembre 1856, un arrêté ministériel substitua aux Expositions annuelles simultanées dans les trois provinces une Exposition générale ouverte alternativement dans chacune d'elles.

L'Exposition d'Alger, en septembre 1857, et celle d'Oran, en 1858, continuent à enregistrer l'augmentation des produits agricoles et la création de nouvelles propriétés.

En 1861 fut promulgué un décret organique qui n'était que la répétition de l'arrêté ministériel de 1856 ; par suite, une Exposition générale des produits de l'Algérie eut lieu du 5 au 12 octobre 1862, et fût ouverte avec une solennité particulière.

Le Directeur général des Services civils, président d'honneur du Jury, disait dans son discours d'ouverture :
» Si, avant notre occupation, la somme totale des importa-
» tions et des exportations ne dépassait pas 9 millions, elle a
» atteint, en 1861, le chiffre de 166 millions. Cette année,

» bien que la récolte n'ait pas été bonne, les produits des » céréales ont été de près de 8 millions d'hectolitres repré- » sentant une valeur d'environ 180 millions et ainsi du » reste. »

Le vice-président du Jury gourmandait les colons : « Je » vois bien, Messieurs, que le cultivateur algérien sème » beaucoup, il sème énormément, mais il ne fume guère, » le plus souvent même, et cela est surtout vrai pour les » indigènes, il ne fume pas du tout. »

La Commission de la prime d'honneur fut aussi très-sévère, elle constata : « Que l'on cultivait trop de céréales » relativement à l'étendue des fermes et pas assez de » plantes fourragères ; que le nombre des bestiaux est » insuffisant pour maintenir le sol en bon état de fertilité, » que les rotations généralement suivies sont beaucoup » trop épuisantes et enfin, à peu d'exception près, il n'y » a pas de comptabilité régulière. »

Il serait facile de montrer combien les conditions dans lesquelles se trouvaient encore les colons à cette époque, les rendaient excusables; souvenons-nous, en effet, qu'ils n'occupaient encore que 414,000 hectares environ, la population européenne n'était que de 204,817 habitants et la population agricole de 109,808 ; que les travaux d'assainissement et de viabilité n'étaient pas terminés; qu'il fallait encore lutter contre tous les travaux de premier établissement; que beaucoup, que la plupart des colons n'avaient ni le nécessaire ni même l'indispensable; que les maladies sévissaient cruellement encore sur bien des points et que, dans ces cirtonstances, les recommandations ci-dessus et surtout la tenue d'une comptabilite régulière ne sont pas choses commodes à observer.

Mais nous devons nous contenter en ce moment d'indiquer les faits relatés par un rapport impartial qui constatait simplement l'état des choses. Du reste, le rapporteur

terminait ainsi : « Messieurs, de ce que la prime d'hon-
» neur n'a pu être décernée, il ne s'en suit pas que le
» Jury ait méconnu les efforts accomplis et les résultats
» acquis pendant une période de temps relativement très-
» courte. Certes, telle n'est pas ma pensée, car si
» nous jetons un regard en arrière, si nous comparons
» l'étendue des terres actuellement cultivées à ce qu'elle
» était il y a 10 ans à peine, nous pouvons constater des
» progrès immenses réalisés, etc..... »

Ce Jury, qui ne crût pas devoir accorder la prime d'honneur à l'un des 9 concurrents, décerna, cependant, 2 médailles d'or et 2 médailles d'argent ; il constata en outre que l'abstention de cultivateurs bien connus avait enlevé au concours plusieurs candidats que la voix publique avait désignés d'avance comme pouvant prétendre à juste titre à la plus haute récompense.

Le rapport du Jury de l'Exposition de 1862, fait connaître que plusieurs locomobiles à vapeur sont déjà employées dans les fermes ainsi que de nombreuses machines à battre de divers modèles. Les systèmes Pinet et Lotz, le dernier surtout, sont préférés. Les bons tarares sont aussi très-recherchés. Le rapport fait encore mention d'un grand nombre d'autres instruments exposés, mais venant d'Europe, tels que hâche-paille, broyeurs, concasseurs, râteau à cheval, faucheuses, moissonneuses; mais, à cette époque, leur usage n'était pas encore entré dans les habitudes des colons.

« La Commission a constaté avec une réelle satisfac-
» tion que la construction des machines agricoles tend
» à devenir plus importante en Algérie ; parmi les cons-
» tructeurs Algériens, M. Jouffrain, d'El-Achour, a obte-
» nu une médaille d'argent pour un *pressoir portatif* et un
» *égrenoir à raisins*. Des médailles furent aussi accordées

à plusieurs constructeurs Algériens pour des instruments aratoires.

En 1867, à l'Exposition universelle de Paris et en 1873, à celle de Vienne, on peut constater de nouveau les progrès de l'agriculture de notre colonie ; mais il faut arriver en 1876, pour trouver une nouvelle Exposition Algérienne les seules qui donnent la physionomie bien réelle du pays.

De 1862 à 1876, quatorze ans nous séparent ; il est regrettable qu'une lacune aussi considérable existe entre ces deux fêtes essentiellement Algériennes. Mais ce long espace de ce temps ne servira qu'à nous faire mieux apprécier les changements remarquables qui se sont produits depuis lors.

Cette dernière Exposition, dûe à l'initiative Algérienne, fut généreusement encouragée et patronnée par la haute administration et les conseils généraux. La Société d'agriculture fut chargée d'organiser cette fête agricole. Le nombre des exposants et l'abondance des produits rendit la tâche plus facile qu'on ne le pensait d'abord, et donna à cette Exposition une importance plus considérable qu'il n'était parmis de l'espérer.

De nouvelles divisions durent être faites pour classer tous les produits et une Commission dut être instituée pour examiner les emménagements forestiers et les plantations de divers propriétaires. Le Jury visita successivement les plantations d'essences australiennes de MM. Trottier, Cordien et Arlès-Dufour, les reboisements de pins d'Alep, du général de Boissonnet, près d'El-Biar, et les peuplements de chênes-verts et de chataîgniers de M. Laval, dans les hautes parties de l'Atlas qui dominent Blidah.

M. Trottier, après la visite d'une partie de ses vastes et intéressantes plantations, montra à la Commission un hangard construit en eucalyptus globulus, de huit ans, plantés par lui-même à Hussen-Dey ; ils avaient été abattus le 14 août 1875 et employés le 20 novembre de la même année. En avril 1876, la charpente n'avait subi aucun mouvement de flexion. « Des rayons de roues faits en eucalyptus » il y a 6 ans, et adaptés à une voiture qui sert journelle- » ment sont en parfait état. »

M. Arlès-Dufour, présenta à la Commission, dans sa belle propriété, des sources, 20,000 eucalyptus d'espèces diverses, diposés en brise vent pour la protection de ses grandes terres de culture ; il fit ensuite parcourir 59 hectares de bois de frênes, d'ormeaux et de peupliers blancs, autrefois emcombrés, comme le sont encore leurs voisins, de ronces et de broussailles impénétrables, maintenant parfaitement nettoyés et formant de superbes prairies, toujours vertes sous d'admirables ombrages.

Enfin, M. Cordier, près la Maison-Carrée, put montrer outre ses belles plantations d'essences australiennes les plus diverses, une collection unique de 120 espèces différentes d'eucalyptus, offrant les types les plus curieux et les plus tranchés représentés chacun par plusieurs beaux et vigoureux échantillons. L'introduction de l'eucalyptus globulus en Algérie, ne date que de 1863 ; les plantations de cette essence qui se multiplient aujourd'hui de tous côtés dans la colonie, lui promettent, dans un avenir prochain, une grande source de richesses, aussi, en tête des récompenses méritées pour les améliorations forestières, le Jury fut unanime à voter une grande médaille d'or à M. Ramel l'introducteur et le propagateur de cette admirable essence Australienne.

La visite des propriétés offrit encore un vif intérêt ; le Jury eut a examiner sept propriétés et l'importance des travaux accomplis permit cette fois d'accorder la prime d'honneur. Laissons parler le rapport :

..... L'intérêt que nous a inspiré l'étude de tant de difficultés vaincues nous a fait vivement regretter que d'autres colons méritants ne se soient pas présentés aussi, car on ne saurait trop mettre en lumière l'activité et le courage déployés dans ce pays, qui date d'hier, et qui nous présente déjà des spécimien des meilleures cultures.

Est-ce à dire que nous n'avons que des éloges à donner et pas de défauts à signaler ?

Non certes, il ne pourrait en être ainsi ; dans un pays qui se crée au milieu des difficultés de tous genres de l'installation première on doit s'attendre à trouver de nombreuses imperfections. Nous les signalerons au cours de ce rapport.

Comme au grand concours de 1862 et au Comice de Blidah en 1865, on peut dire que sur bien des points il y a trop de céréales relativement à l'étendue des terres, et pas assez de plantes fourragères; que le nombre des bestiaux est insuffisant pour maintenir le sol en bon état de fertilité, que les rotations suivies sont trop épuisantes, toutefois l'ensemble s'est bien amélioré et quand à la comptabilité nous l'avons constatée bien tenue dans les grandes fermes que nous avons examinées.

.... La Commission en se rendant aux propriétés qu'elle doit visiter passe en revue les progrès accomplis sur son parcours :

Après avoir dépassé les abords si verdoyants de Blidah et franchi le beau pont de la Chiffa, nous avons été frappés de la vie et de l'activité qui se développent au-delà sur toute la ligne des villages fondés au pied de l'Altas et longés aujourd'hui par le chemin de fer d'Alger à Oran.

La Chiffa, Mouzaïa, Bou-Roumi, El-Affroun, tous ces villages si cruellement éprouvées par le tremblement de terre de 1867, ne portent plus trace de cette catastrophe.

Les maisons sont reconstruites dans de meilleures conditions et présentent un aspect de bien être qui contraste heureusement avec ce qu'elles étaient il y a 9 ans.

La campagne est bien cultivée, quelques parties encore incultes disparaissent rapidement et sur certains points, de belles plantations de vignes, de grandes constructions, qui accompagnent nécessairement l'industrie vinicole, nous montrent que de puissants capitaux ne craignent plus de se fixer sur un sol dont l'admirable fertilité est protégée aujourd'hui par une entière sécurité.

A El-Affroun, la voie ferrée tourne vers la montagne, abandonnant brusquement la plaine ou l'absence de cette puissante artère se fait sentir. A mesure que nous avançons vers Bourkika et Marengo, se déploie devant nous cette immense étendue de champs et de prairies qui terminent la Métidja vers l'Ouest.

Les Romains en avaient fait un lieu de prédilection : partout le soc heurte d'antiques débris qui rappelent cette grande civilisation passée. Mais, depuis, ces riches terres ont été livrées à la plus complète barbarie et les palmiers-nains ont entièrement couvert tout ce que n'avaient pas envahi de nouveau les eaux du lac Haloula.

Nous avons repris les travaux des Romains : comme eux, nous avons aussi désséché le lac Haloula, et depuis 16 ans cette grande superficie, livrée de nouveau à l'agriculture, produit les plus riches récoltes.

Aujourd'hui, des fermes dont le nombre augmente de jour en jour, s'élèvent de tous côtés ; les noms de leurs propriétaires indiquent un double courant favorable à notre avenir : d'un côté ce sont des personnes étrangères à l'Algérie, qui apportent l'argent et le peuplement du dehors ; d'un autre côté, ce sont des noms qui nous sont familiers, appartenant à des Européens connus depuis longtemps dans le pays et qui viennent fixer définitivement sur le sol Algérien des capitaux gagnés ici-même, etc.

Le Jury put voir sur la propriété de Sainte-Marguerite, à Rhilen, des cultures de plantes aromatiques, géranium, verveine, violettes de Parme, etc., couvrant 140 hectares et protégées des vents de la plaine par des lignes d'arbres formées de 20,000 cyprès ou eucalyptus ; les appareils distillatoires, au nombre de 22, peuvent contenir à la fois plus de 2,000 kil. de plantes fraîches ; ils sont entretenus de vapeur par 4 générateurs dont la surface de chauffe peut développer une force de 60 chevaux. Il y a deux ans, 630 hectares ont été ajoutés à l'établissement industriel ; en 18 mois, 300 hectares ont été défrichés ; 45 plantés en vignes, trois défoncés et semés de luzerne ; deux grandes fermes ont été construites, ayant chacune leur maison d'habitation et leurs hangars surmontés de greniers.

Il y a 10 ans, l'ensemble de cette exploitation, qui couvre actuellement 900 hectares, appartenait aux Arabes, qui en cultivaient quelques lambeaux mal défrichés et laissaient le reste en parcours à leurs animaux.

Une autre grande propriété, Baba-Ali, près de Chebli, couvre 1,500 hectares, dont une grande partie était couverte, il y a 20 ans encore, de marais infects et pestilentiels; aujourd'hui 1,280 hectares sont défrichés et assainis: un village y est en voie de formation; 5 belles fermes Européennes avec bâtiments d'exploitation, trois fermes Arabes, 25 hectares de vignes couvrent aujourd'hui cette belle propriété où vivent 30 familles Européennes et des Arabes...... Ces citations laissent loin derrière elles celles que nous avions pu faire pour les expositions précédentes; aussi, nous dit le rapport: Le Jury constate que: « nos progrès ont été si rapides depuis 14 ans que les plus » anciens, les plus expérimentés parmis nous, ceux qui » ont suivi le concours de 1862 et fait partie du Jury de » cette époque, ont été les plus ardents à réclamer que la » prime d'honneur fut décernée ». Cette haute récompense, gracieusement offerte par M. le Gouverneur général fut donnée à M. Gros, pour la propriété de Sainte-Marguerite de Rhilen, et la prime de la Société d'agriculture à M. le comte de Richemond, pour la propriété de Baba-Ali.

Deux médailles d'or de 1re classe, deux médailles d'argent et une mention honorable furent décernées à divers propriétaires; nous voudrions pouvoir aussi en parler; c'est avec un véritable regret que nous sommes obligés de nous restreindre sur un pareil sujet, et que nous devons renoncer à nous étendre davantage sur le développement remarquable au quel sont arrivées actuellement une foule de belles exploitations, répandues dans les trois provinces.

En 1876, nous voyons les machines agricoles les plus perfectionnées complétement entrées dans l'usage journalier des agriculteurs Algériens et l'industrie locale commence à s'en ressentir.

« On a remarqué avec intérêt les machines et les outils » sortis des ateliers algériens; ils ne le cèdent en rien à ceux » qui viennent des bonnes fabriques de France, si même » ils ne leur sont pas souvent supérieurs. Est-il besoin

» d'ajouter qu'ils sont d'un prix inférieur, puisqu'ils sont » dégrevés de tous les frais de transport que supportent » les autres. Enfin, (c'est une considération d'économie » générale qui a une grande valeur) le prix payé pour leur » acquisition reste dans le pays où il se reprend en main- » d'œuvre, etc. » Exposition d'Alger, 1876.)

L'examen des diverses sections fait connaître de nombreux et bons ateliers Algériens à Boufarik, à l'Agha et Alger, pour la fabrication des machines à élever et distribuer les eaux. Nous trouvons aussi sur ces mêmes points, et à Beni-Méred, près de Blidah, des fabricants de charrues de divers modèles et d'autres petits instruments agricoles. Les progrès de la viticulture ont ammené aussi la fabrication, sur place, de la vaisselle vinaire. Alger, Saint-Eugène et Mustapha, exposent des foudres et des futailles, des pressoirs, des alambics et une foule d'autres petits ustensiles, dont l'origine Algérienne témoigne des progrès multiples de notre population ouvrière.

Les grains des céréales cultivées en Algérie ont toujours fixé l'attention : nous croyons devoir rappeler qu'à l'Exposition universelle de 1855 ; « les grains de provenance » algérienne ont été classés au 3e rang relativement à ceux » de l'univers entier et que la prééminence n'a été donnée » à ceux de deux autres origines que pour des nuances » fort peu tranchées : Il résulte de là que le jury de cette » Exposition leur reconnaissait un mérite assez élevé pour » approcher de la perfection absolue. »

(Rapport de la Société centrale d'Horticulture).
Paris, mai 1858.

L'Exposition de 1876 a confirmé la réputation des blés durs et tendres de notre colonie : nos semoules, en particulier, réalisent avec les plus beaux produits de la fabrication européenne. « Les blés durs d'Afrique sont aussi

» riches en gluten que les blés d'Odessa et ils donnent un » rendement supérieur de 2 kilogrammes par 100 kilo- » grammes.

» Des expériences faites au laboratoire de la Sorbonne » ont établi de la manière suivante la composition chimique » de la semoule préparée avec les blés durs d'Afrique :

Eau	10.30
Matière azotée	13.91
Dextrine et matières sucrées	3.45
Matières grasses	0.35
Amidon	70.97
Matières minérales, silice, phosphore, sels alcalins	1.02
	100.00

(*Exposition d'Alger, soc. cit.*)

L'orge est aussi d'une qualité supérieure, la brasserie en fait un usage de plus en plus considérable et les nombreuses demandes de l'Angleterre paraissent devoir fournir à ce genre de céréale des débouchés nombreux et certains.

La fabrication de l'huile d'olive par les Européens a fait aussi de grands progrès ; les olives envoyées de Guelma, d'El-Kantour, de Tizi-Ouzou, de Cherchel, d'Alger, etc.. ne le cèdent à présent en rien aux meilleures huiles de Provence.

Enfin, l'Exposition de 1876, a reçu encore une production nouvelle, dont le développement pourra devenir une des sources les plus fécondes et un des titres les plus honorables de la colonie ; nous voulons parler des œuvres littéraires agricoles. Plusieurs ouvrages sur l'agriculture algérienne ou sur les sciences qui l'intéressent directement ont été apportés au concours de 1876. M. Mac Carthy, dont le nom se présente dans toutes les études sérieuses qui se rattachent à l'Algérie, a exposé une carte des climats de cette contrée. Ce travail qui repose sur toutes les données météorologique connues jusqu'à présent, et sur les études si complètes faites par l'auteur lui-même, a été considéré comme une étude remarquable digne d'être produite sur un champ scientifique important. Le travail de M. Guy donne un résumé interréssant de l'agriculture et du commerce Algérien, depuis les premiers temps de la conquête jusqu'à nos jours. Le traité de zootheenie, de M. Bonzom, le premier ouvrage theenique élaboré sur les races bovines algériennes, est un premier pas dans une voie d'étude qui ne saurait être trop encouragée en Algérie.

En donnant, p. 26, les tableaux de la richesse animale de l'Algérie, nous avons fait quelques remarques sur leurs répartitions ; l'étude des bestiaux présentés aux diverses expositions en inspire d'autres fort importantes au point de vue du développement de l'agriculture et des progrès de la colonisation. Nous avons vu chez les Européens une forte et régulière progression malgré le peu de terres dont le plus grand nombre dispose ; chez les Arabes, au contraire, si largement nantis et surtout possesseurs des grands pays d'élevage, nous voyons se produire constamment d'énormes fluctuations dans le nombre de leurs bestiaux ; fluctuations qui limitent de la manière la plus regrettable l'accroissement continu de cette richesse, dont le développement graduel est indispensable aux progrès d'un pays agricole.

Les documents les plus sérieux, les plus recommandables, contiennent de nombreux et précieux renseignements à ce sujet.

Dans l'enquête faite en 1868 sur la situation et les besoins de l'agriculture, par le Gouvernement, la Chambre consultative d'agriculture d'Alger s'exprime en ces termes :

L'indigène élève mal, il perd beaucoup d'animaux dans le jeune âge, faute de soins ; ses procédés aussi primitifs que ceux de la nature, s'opposent à ce que les animaux s'améliorent entre ses mains; cette circonstance s'aggrave encore de l'habitude funeste qu'il a de soustraire aux veaux la meilleure partie du lait des mères.

L'élevage de l'espèce ovine est entièrement entre les mains des indigènes ; le climat et le pâturage font plus que les soins donnés par les hommes; la monte n'est nullement surveillée dans les troupeaux arabes, elle est abandonnée au hasard ; la naissance des agneaux a lieu dans les circonstances les plus diverses, et ceux qui naissent pendant l'hiver succombent, le plus souvent sous les rigueurs des intempéries. Les troupeaux de bêtes à laine paraissent cependant avoir reçu un commencement d'amélioration sur certains points. Ces améliorations doivent être attribuées, avant tout, à l'autorité militaire, qui envoie des vétérinaires dans les tribus pour faire le choix des reproducteurs et mettre hors d'état de procréation les animaux défectueux.

Les Kabyles qui ne jouissent que de très-petites étendues de terres, mais où la propriété, quoique minime, est individuelle, délimitée, assise, ne font pas beaucoup d'élèves de bestiaux, mais ils trouvent cependant le moyen de les améliorer et d'envoyer sur les marchés des animaux gras, chose que ne font pas les Arabes qui disposent d'immenses étendues.

La Société d'agriculture d'Alger n'est pas moins explicite : en 1870, dans un rapport sur le renchérissement de la viande de boucherie, nous trouvons les lignes suivantes à propos des mortalités subies par les troupeaux indigènes en 1867-68.

Pour peu que l'on veuille remonter à la source première des calamités de ce genre qui sévissent, en quelque sorte périodiquement, non seulement en Algérie, mais dans tout le Nord de l'Afrique, on rencontre, au dessus de ces causes exceptionnelles dont nous venons de parler, une cause plus immédiate ; celle-ci est tout humaine et par conséquent susceptible d'être modifiée par l'œuvre de l'homme : c'est l'imprévoyance, c'est l'ignorance, des conditions élémentaires de l'élevages du bétail, c'est la paresse des indigènes. c'est, enfin, ce fatalisme stupide qui pèse si malheureusement sur les populations musulmanes.

Cette cause primordiale de l'appauvrissement de l'élevage indigène, il y a longtemps qu'elle a été signalée et que les conséquences fatales en ont été prévues, par tous les bons observateurs. Voici ce que disait en 1845 M. le Pr Moll : (*Loc. cit.* p. 178).

Si la production du bétail était autrefois bien suffisante pour la consommation, il ne paraît cependant pas y avoir jamais en exubérance, car la quantité des bestiaux qu'on exportait de l'Algérie était peu considérable, et je ne sache pas que les Indigènes aient laissé mourir des bestiaux de vielleisse.

On peut admettre qu'aujourd'hui la production n'est plus en rapport avec la consommation » .... Le rapport continue plus loin : A une époque plus rapprochée du moment actuel, un de nos anciens collègues, M. le Dr Sainte-Rose Suquet, dans un rapport imprimé en 1862 dans notre bulletin, prédisait 8 ans à l'avance la situation actuelle :

Si l'on s'attardait, dit-il, dans la voie suivie jusqu'à ce jour, c'est-à-dire, si les Arabes restent en possession de l'élevage des bestiaux, l'Algérie éprouvera le même sort que l'Espagne qui, il y a un siècle à peine, comptait 25 millions de moutons mérinos, tandis qu'en 1845 elle en possédait à peine *un million*, et cependant l'Espagne à toujours été par excellence le pays des prohibitions douanières.

Dans le rapport officiel publié par les soins de l'Administration, sur l'Exposition de Londres de 1862, M. de Cès Caupenne, après avoir mis en parallèle la splendide production lainière de l'Australie avec celle des provinces Algériennes, ajoute ces paroles significatives (p. 289).

Deux maladies qui sévissent chaque année avec violence, ont empêché jusqu'à ce jour, les troupeaux sahariens de s'accroître dans de notables proportions.

Ces deux maladies sont connues sous le nom de *Bedrouna* (disette) et *meurara* (indigestion) ; si la bedrouna est le résultat de la misère de l'hiver, la meurara, le résultat de l'abondance du printemps, elles ont une source commune : l'imprévoyance.

Voici les conclusions de ce rapport dont nous regrettons de ne pouvoir donner que quelques extraits :

1° La liberté commerciale est le plus sûr moyen à employer, non-seulement pour équilibrer le déficit de la production actuelle du bétail, mais encore pour l'augmenter dans l'avenir.

2° Le renchérissement de la viande de boucherie, conséquence de l'appauvrissement des races ovine et bovine en Algérie est le résultat de l'incurie, de l'imprévoyance et de l'incapacité des éleveurs arabes, plutôt que celui de l'exportation ou des désastres accidentels de l'anné 1867-1868.

3° Enfin, en élevage, de même qu'en toute autre branche de l'agriculture, il n'y a que l'enseignement de l'exemple, que le contact avec l'Européen, que la colonisation, en un mot, qui puisse réveiller l'intelligence et l'activité endormie de la population indigène.

Les conclusions qui ressortent naturellement de ces considérations sont les mêmes que celles contenues dans le rapport de notre Commission de 1869.

Nous pensons comme elle, qu'il n'est plus permis désormais de confier à l'arabe, seul, l'élevage du bétail dont la production ne répond plus aux besoins croissant de la consommation.

Tout commande donc, pour rétablir l'équilibre, d'appeler le concours des Européens, en mettent à leur disposition des étendues de terres, nécessitées par cette industrie et que l'on réclame en vain depuis si longtemps.

Tout ce que nous venons de citer prouve combien il serait désirable, pour le bien de la colonisation agricole, que les Européens disposassent de plus vastes terrains et combien, en attendant, ils ont intérêt à se procurer des quantités de nourriture aussi considérables que possible, faciles à récolter, sur des espaces restreints. Nous ne voulons donc pas abandonner ce sujet important sans indiquer les heureux résultats obtenus pour l'entilage du maïs dans la propriété des sources à l'Oued-el-Alleg. Les premiers essais, dont les produits furent apportés à l'Exposition de 1876, ont eu un succès complet et, en 1867, le magnifique troupeau de bœufs de cette remarquable exploitation, a pu être nourri, en partie, pendant la mauvaise saison, avec le contenu parfaitement conservé de deux grands silos.

L'excellente réussite de cet ensilage, en Algérie, est un progrès du plus haut intérêt pour nos colons. Les prairies naturelles ne donnent guère, en moyenne, que 25 ou 30 quintaux métriques de fourrage sec à l'hectare. On récolte le double environ par les semis de vesces et avoines, mais cette culture, qui est entrée depuis quelques années dans les habitudes de nos agriculteurs, est souvent contrariée par les pluies du printemps. On ne peut donc trop apprécier une méthode qui permet d'obtenir par hectare, dans la belle saison, 600 quintaux métriques d'une nourriture excellente et toujours disponible.

Si l'Algérie est généralement peu connue dans son ensemble, on peut dire que la population agricole l'est moins encore. Comment le serait-elle? qui peut la connaître à fond, en apprécier la valeur réelle par l'observation constante de ces mille faits journaliers dont la réunion finit par constituer l'ensemble de la vie ?.... Il n'y a que le colon lui-même, qui pourrait bien raconter son existence, mais toujours à court de temps, continuellement aux prises avec des difficultés incessantes, il finit par se faire à cette lutte et la trouver une chose simple et toute naturelle.

L'analyse des documents que nous avons dû consulter nous à porté à citer particulièrement les grandes fermes, pour la plupart acquises à prix d'argent, et dans lesquelles une intelligente direction, bien secondée par des capitaux abondants, ont amené de rapides progrès et l'emploi des moyens les plus perfectionnés. Mais la grande masse de la population agricole est formée de concessionnaires arrivés la plupart sans ressources premières et qui n'ont reçu dans le principe que quatre à dix hectares par famille. On comprend ce qu'il leur a fallu déployer d'intelligence, de travail et de ténacité dans cette lutte pour l'existence. Les colons, pris dans leur ensemble, ont eu d'autant plus de difficultés à vaincre pour s'implanter solidement sur la terre algérienne, que la plupart, on pourrait dire presque tous, n'étaient rien moins qu'agriculteurs ; on voyait parmi eux des artisans de tous métiers ou des hommes sans état défini, d'autres, enfin, appartenant aux professions libérales ; beaucoup d'anciens militaires. Tous généralement doués d'intelligence et d'esprit d'aventure ; mais une infinie minorité d'agriculteurs.

On ignorera probablement toujours l'histoire réelle de cette population bigarrée, mais si énergique, si insouciante des dangers et des maladies. C'est de cette souche que sont sortis les propriétaires, les fermiers, les ouvriers agricoles qui ont ancré la colonisation Européenne en Algérie, et lui donnent aujourd'hui sa force et sa stabilité, toujours croissantes.

Le plus grand nombre de ces hommes, dont la vie a été si difficile, se sont éteints peu à peu, mais leurs enfants en se mariant constituent une population nouvelle, acclimatée et profondément attachée à ce pays, où sont désormais tous ses souvenirs et ses intérêts.

Tandis que les Européens, n'ayant que leur intelligence, leur esprit d'observation et l'aiguillon du besoin, sont rapidement parvenus à connaître les ressources du sol, à en profiter, à accumuler sous des formes diverses et productives toutes les richesses qu'ils savaient en retirer, nous voyons les Indigènes rester dans leur apathie et leur ignorance ; ceux qui se trouvent en contact immédiat de notre civilisation ont légèrement progressé ; ils ont appris à à nous aider dans la plupart de nos travaux ; un certain nombre a adopté nos charrues, ils essaient de nous imiter, mais, à peu d'exceptions près, ils n'ont ni l'activité, ni cette prévoyance qui annonce la compréhension intelligente du travail. Ceux qui sont éloignés n'ont profité que matériellement de l'augmentation énorme que notre présence en Algérie a donné à toutes choses ; ils peuvent s'enrichir aujourd'hui sans crainte d'être dépouillés ; leurs besoins n'ont pas changé, leurs produits ont triplé, décuplé. L'élève des moutons permet aux tribus nomades du Sud de prélever tous les ans sur les marchés du Tell d'énormes sommes qui, réalisées en numéraire, vont s'enfouir dans des cachettes souterraines, au lieu de servir à préparer des abris et des provisions d'hiver qui feraient progresser et régulariseraient la production de la race ovine. Chez les Européens, une bonne récolte fait immédiatement augmenter le nombre des constructions de tous les travaux utiles ; au pauvre gourbi provisoire succède une maison ; on creuse des puits, on construit des hangards ; non-seulement tout l'argent gagné est immédiatement appliqué aux améliorations indispensables, mais encore on y ajoute souvent celui dont le crédit acquis par cette augmentation de richesses permet de disposer.

Pendant 10 ans, nous avons assisté à ce développement progressif ; devant nous s'étendait la Mitidja, plus loin s'élevaient les pentes abruptes de l'Atlas. Sur cette immense étendue, dont tous les points nous étaient devenus familiers, nous avons vu se défricher, se construire peu à peu tout le sol possédé par les Européens ; des fossés, des plantations ont assaini les localités encore insalubres. Bouffarik a doublé. Les colons ont acquis de l'aisance ; beaucoup se sont enrichis dans cette période de quelques années. De bonnes récoltes, en leur procurant quelques économies, leur ont permis d'acheter à côté d'eux des parcelles de terres incultes aux Indigènes propriétaires. Ils ont défriché les broussailles et les palmiers-nains qui encombraient depuis des siècles leur nouvelle acquisition ; l'agrandissement de leur concession primitive, en leur permettant d'avoir quelques bestiaux, leur a donné une aisance plus rapide, plus facile ; avec l'aisance, les constructions se développent, la vigne se plante, le cellier se construit, car les colons savent aujourd'hui qu'ils ne peuvent faire de bon vin dans les hangards ouverts à tous les vents, et le conserver dans de mauvaises futailles. Le soin que chaque propriétaire met à sa plantation prouve bien qu'il travaille pour lui et qu'il compte bientôt sur les produits de sa propre récolte.

En 1866, l'important marché hebdomadaire de Bouffarik était encore, pour bien des gens, non-seulement un rendez-vous d'affaires, mais aussi une occasion de boire. Il n'en est plus ainsi aujourd'hui, une grande amélioration s'est faite ; la production plus abondante du vin tend aussi à amener les habitudes de tempérance que l'on remarque dans les pays vinicoles, mais c'est surtout le bien être qui a le plus contribué à moraliser la population.

Depuis 1872, la création de villages nouveaux dans lesquels une large participation a été sagement réservée aux colons algériens, a déversé de ce côté un grand nombre de jeunes gens trop à l'étroit sur les minimes concessions de leurs parents. Presque tous ont réussi sur leur nouvelle propriété, et grâce à leur expérience du pays ils ont pu indiquer aux immigrants fraîchement débarqués comment il faut combattre les difficultés que leur présentaient un sol et un climat nouveaux.

Cette immense progrès, qui s'applique également à la population essentiellement agricole des trois provinces est une des parties les plus intéressantes du développement de l'agriculture dans notre jeune Algérie, et nous parait d'autant plus important à signaler qu'il indique l'enrichissement progressif des colons.

Ces faits paraissent presque complètement ignorés en France, où la population Algérienne n'est peut être pas appréciée comme elle le mériterait. Et cependant, nous avons vu bien des fois les hommes les plus hauts placés dans l'administration de ce pays, nous parler des travaux et de la persévérance de nos colons avec une admiration sincère.

L'Algérie marche trop rapidement aujourd'hui pour être longtemps perdue de vue ; ceux qui l'ont quittée, il y a quelques années, ne peuvent plus la juger qu'imparfaitement. Les Algériens souhaitent ardemment d'être bien connus de la Mère-Patrie ; ils voudraient que leur magnifique champ de travail, situé aux portes de la France, fut plus étudié et apprécié *de visu* par leurs compatriotes, ils les invitent sans cesse à venir les visiter et les voir à l'œuvre........ de semblables désirs ne peuvent se produire que chez une intelligente et bonne population.

P. MARÈS.

30 mars 1878.

GOUVERNEMENT GÉNÉRAL CIVIL DE L'ALGÉRIE

DIRECTION GÉNÉRALE DES Affaires civiles ET FINANCIÈRES	# COLONISATION	RENSEIGNEMENTS GÉNÉRAUX ET Statistiques

AVIS

Les Agriculteurs ou les Industriels désirant s'établir en Algérie trouveront les renseignements qui pourront les intéresser

AUX

BUREAUX

DES

RENSEIGNEMENTS GÉNÉRAUX

SITUÉS

EN ALGÉRIE

A Alger (Hôtel des Postes, à l'entresol, boulevard de la République);
A Oran (Bureaux de la Préfecture);
A Bône et à Philippeville (Bureaux de la Sous-Préfecture);

A PARIS

Au Ministère de l'Intérieur (99, rue de Grenelle St-Germain).

Immigration. — Colonisation. — Agriculture. — Industrie

COMMERCE, TRANSPORTS, CHEMINS DE FER

EXPLOITATION DES MINES, CARRIÈRES, FORÊTS, ALFA

[illegible]

NOTA. — On répond par écrit à toute demande de renseignements adressée *franco*, sous forme de note, à M. le Chef du Bureau des Renseignements, et contenant le montant de l'affranchissement de la réponse. — On adresse également tous les documents officiels imprimés : *programmes de colonisation ; modèles de soumission ; notices sur les forêts et les mines, etc., etc.*

Alger. — Imp. LAVAGNE, rue Clauzel, 4.

www.ingramcontent.com/pod-product-compliance
Lightning Source LLC
LaVergne TN
LVHW050433160826
845677LV00002BA/684

* 9 7 8 2 3 2 9 6 8 4 1 2 3 *